我的酷炫创客空间

来连线吧

能够挤压、弯曲与扭转的电路

【美】埃尔茜·奥尔森 著
解超 译

上海科技教育出版社

给大朋友们的话

对你们来说，这是一次帮助小创客们学习新技能、获得自信心，并且做出酷炫作品的机会。本书中的活动都是为了帮助小创客们在创客空间中完成项目而设计的。有一些活动，孩子可能会需要更多的帮助才能完成，希望你们能够在他们需要的时候给予指导，鼓励他们尽可能地依靠自己的能力完成作品，并且在他们展现出创意的时刻献上掌声。

在开始之前，记得制定取用工具、材料以及清理场地的基本规则。在使用高温工具以及尖锐工具的时候，请确保现场有成年人的监护。

安全警示

本书中的一些项目需要用到高温工具或者尖锐工具，这意味着你需要在成年人的帮助下来完成这些项目。当看到如下的安全警示图标时，你就需要寻求成年人的帮助了。

高温警示！

这个项目中需要用到高温工具。

目 录

创客空间是什么

想象一个充满活力的空间：在你的周围人声鼎沸，了不起的工程师与工匠们正在通力合作，创造着超级酷炫的作品。欢迎来到创客空间！

创客空间是人们聚在一起进行创造的地方，它也是创造各种电子作品的完美场所。这里配备了各种各样的材料与工具，但对创客来说，最重要的其实是他们的想象力。创客们梦想着做出全新的电子作品，他们还想办法改进已有的作品。要做到这一点，创客们需要成为富有创造力的问题解决者。

你准备好成为一名创客了吗？

在开始之前

获得准许

在开展任何项目之前，都需要得到在场的成年人的允许，才能使用创客空间中的材料和工具。

懂得尊重

在别人需要的时候，分享你的材料和工具。用完某件工具之后，记得放回原位，以方便他人使用。

制订计划

在动手制作之前，需要通读制作说明，并且准备好需要的所有材料。在制作的过程中也要确保材料和工具摆放整齐。

获取帮助

使用电源的项目具有一定的危险性，所以要小心。当你接线的时候要确保电源处于关闭状态，防止短路。当你有需要的时候，向成年人寻求帮助吧。

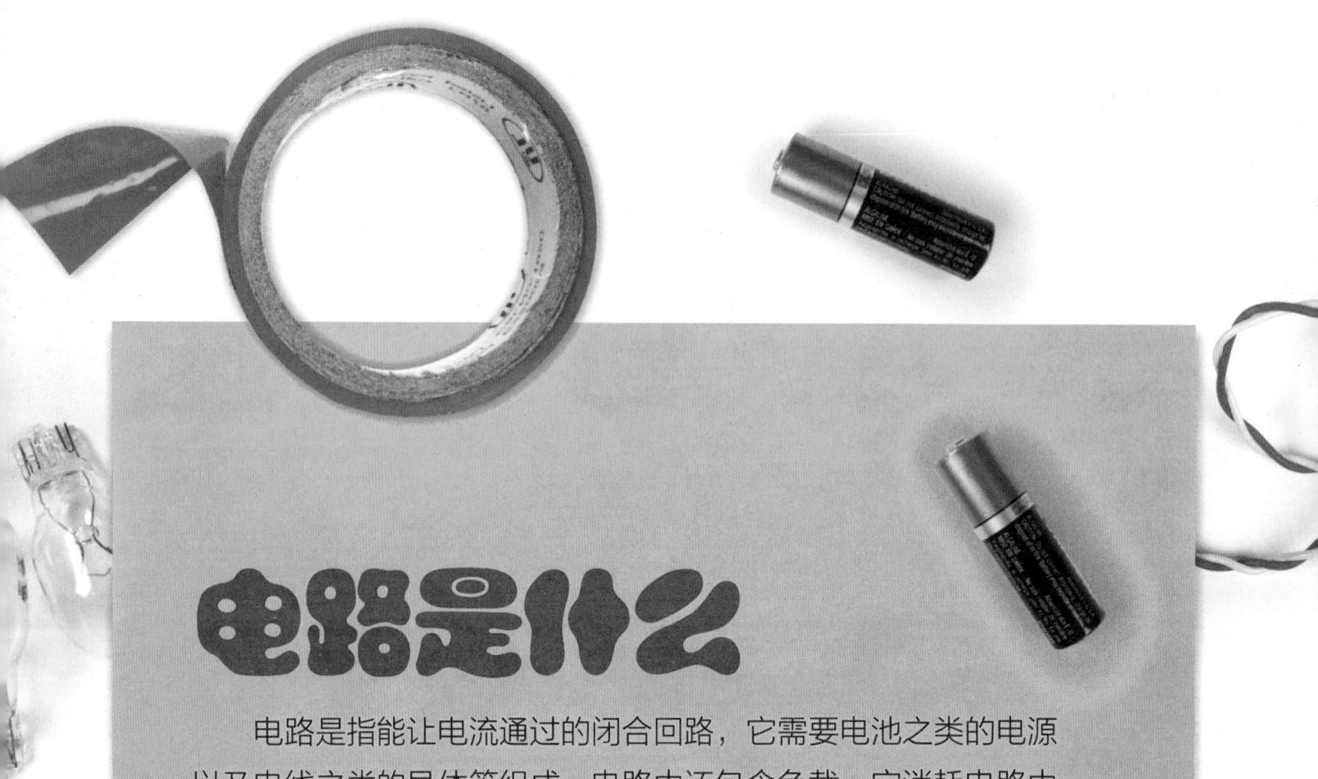

电路是什么

电路是指能让电流通过的闭合回路，它需要电池之类的电源以及电线之类的导体等组成。电路中还包含负载，它消耗电路中的能量。灯泡就是一种负载。电路中的开关主要用来控制电流，通过断开或闭合，切断或接通电路中的电流。

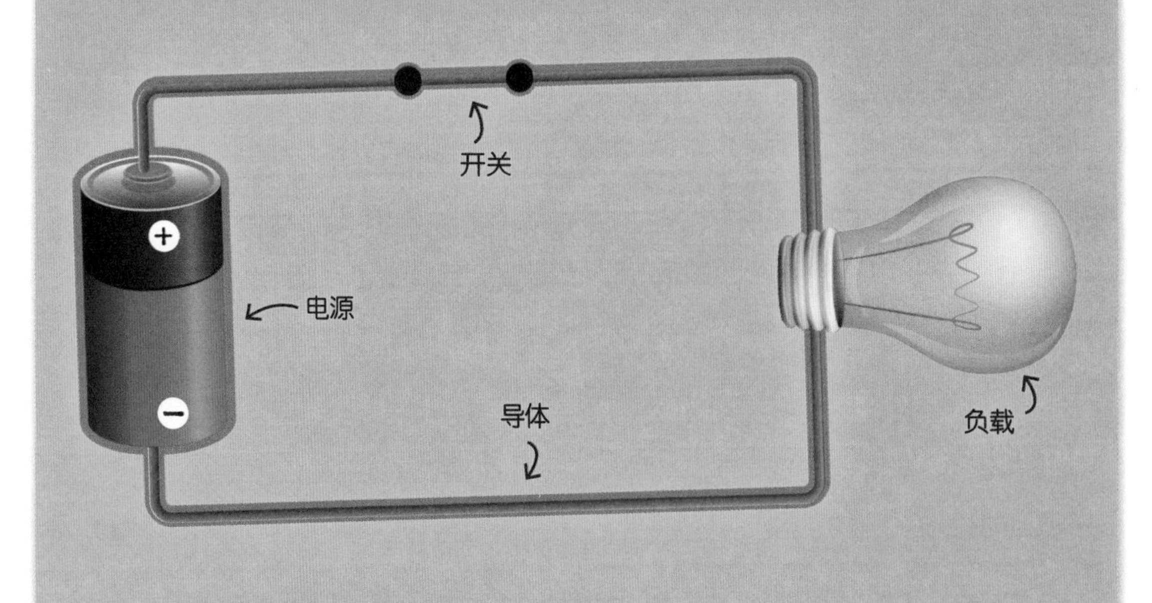

短路

当电路中两个不应该接触的导体碰到一起时，便会发生短路。短路会导致电流无法到达负载上。

短路是十分危险的，它会导致导线以及电路中的其他金属部件发烫，并且使得电源中的能量一下子被消耗殆尽。

导电面团

本书中的所有项目都需要用到导电/绝缘面团。导电面团能够传输电流，并且能够让你方便地连接电路。绝缘面团是不导电的，它能起到将导电面团隔开的作用，另外它还可以用于预防发生短路。

史乖宝电路公司（Squishy Circuits）是一家销售导电/绝缘面团以及其他电路元件的公司。他们提供套件包，能让搭建电路的工作变得简单。

你可以自己制作面团，在模型商店或者网店购买电路元件。部分电路元件通常还可以在机器人套件包里找到。

准备材料

以下是完成本书中的项目所需要用到的一些材料和工具。如果你的创客空间没有你需要的材料，你也不必担心。优秀的创客本身就是解决问题的高手。你可以寻找其他材料来代替，也可以适当地改造项目适配你拥有的材料。记住，要勇于创新！

铝箔

电池

带导线的电池盒

带导线的蜂鸣器

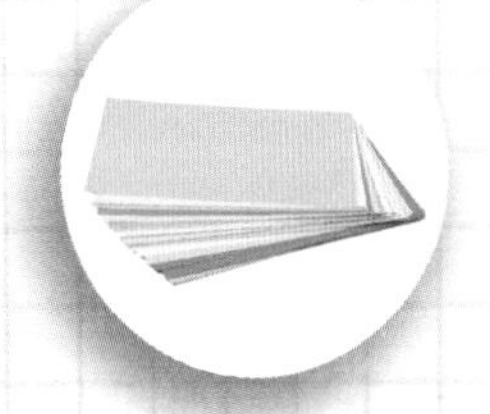

卡纸

烤盘

白胶

蒸馏水

绝缘胶带

食用色素

导线

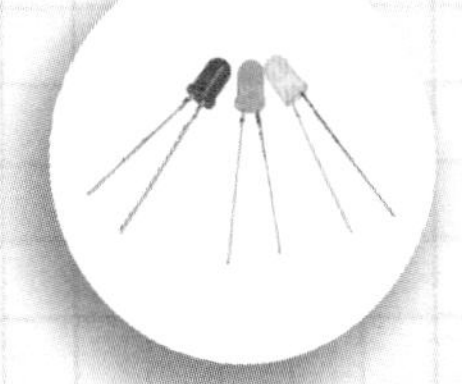

LED 灯珠

量杯、量勺

带轴电动机

技术指南

图钉

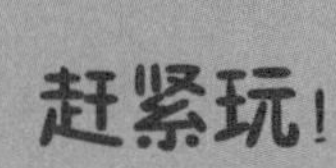

赶紧玩!

史乖宝公司的面团电路可以拆开和重复使用。但是，其中的面团干了以后会损失部分导电性能，同时还会损坏导线以及其他金属部件。但是用导电面团搭建电路是很好的办法。只要能使电路正常工作，你也可以寻找其他器件组装电路。

海绵球

红线还是黑线

电池分正极与负极，能量从电池的正极出发回到负极。因此许多负载，例如电动机，也具有正负两个导线接头。通常正极用红色、负极用黑色表示。你可以用红/黑色的导线以及绝缘胶带等来搭建电路，这样能清晰地区分正负极。

食用油

选择电动机

低电压（小于5伏特）的电动机最适合用来完成本书中的项目，因为这些项目只需要较小的电流。史乖宝公司套件中的电动机很适合这些项目。不过你也可以从商店或网店购买电动机。

剥线钳

导电面团

制作闪闪发亮的导电面团。

你需要准备

量杯
量勺
1.5杯面粉，外加一勺
平底锅
0.25杯盐
3勺塔塔粉
1勺食用油
1杯水
搅拌勺
食用色素
闪光粉
炉灶
烤盘
塑料袋/密封袋

1. 在平底锅中加入1.5杯面粉，然后加入盐、塔塔粉、食用油以及水，搅拌均匀。
2. 拌入食用色素以及闪光粉，持续搅拌直至颜色均匀。
3. 把混合物放在炉灶上开中火加热，并持续搅拌，直至混合物沸腾。
4. 继续搅拌，直至混合物凝成一个大球团。
5. 关火，让球团冷却几分钟。
6. 把剩余的面粉撒在烤盘上，放上球团揉搓，将面粉揉进球团里。直至面团既保持柔软，能够塑形，同时又有一定硬度，塑形后的形状不易改变。

小贴士

如果你对麸质过敏，可以使用无麦麸面粉。

绝缘面团

这种黏糊糊的面团可以隔断电路中的电流哦！

你需要准备

量杯
量勺
0.5杯糖
3勺食用油
2.5杯面粉
中碗
汤勺
0.5杯蒸馏水
食用色素
烤盘
塑料袋/密封袋

1. 取一只中等大小的碗，加入糖、食用油以及1.5杯面粉，搅拌在一起。

2. 用汤勺加水，一次1勺，并不停地搅拌，直至面粉结成块状。

3. 拌入食用色素，直至获得你想要的颜色。

4. 把部分剩余的面粉撒在烤盘上，将面团摊在上面揉搓，把面粉揉进面团里。重复添加面粉，直至面团既保持柔软，能够塑形，同时又有一定的硬度，塑形后的形状不易改变。

5. 将揉好的面团放入塑料袋或者密封袋中保存。

小贴士 揉面团前先在手上撒一些面粉，以避免面团粘在手上。

闪烁的面团UFO

创造一个点亮夜空的天外来客。

你需要准备

两种颜色的导电面团

绝缘面团

带导线的电池盒，电池

10—12个变色LED灯珠

彩色玻璃珠、海绵纸、扭扭棒

塑料眼睛、胶水、剪刀以及

其他装饰材料

1. 将导电面团揉成球形，大约为一个网球大小。再将它拍成饼状，作为UFO的底座。

2. 将绝缘面团揉成一个略小于网球大小的球形，然后拍成饼状。

3. 将绝缘面饼叠在导电面饼上面。

4. 再揉一个网球大小的导电面团。将它放在桌上按压，使得底部变平。把它作为UFO的顶部。

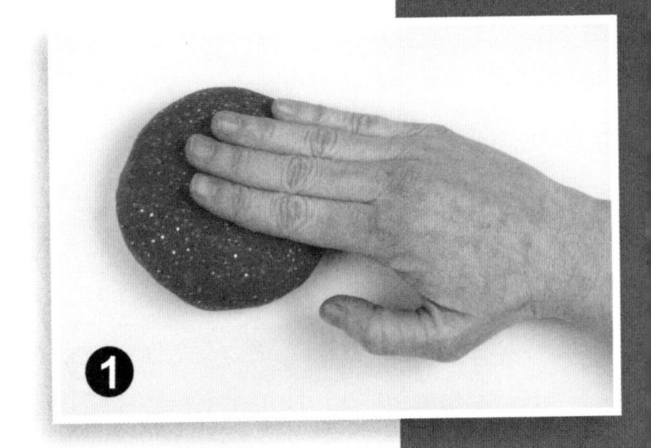

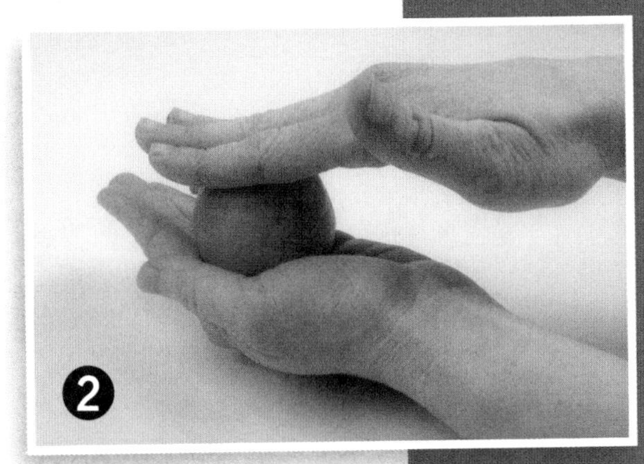

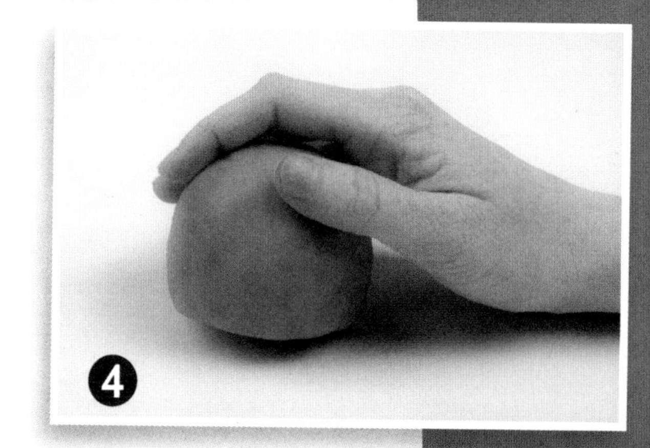

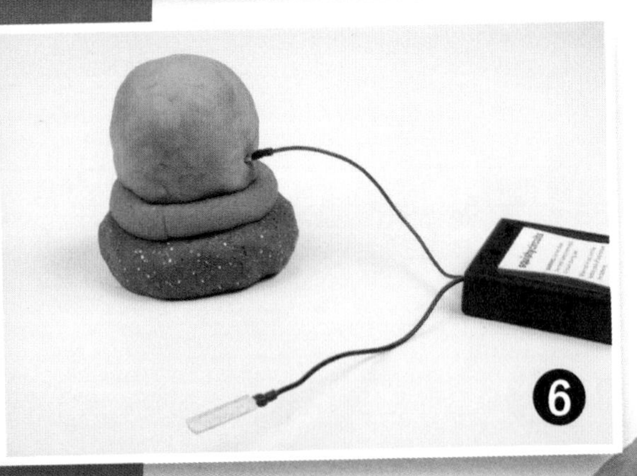

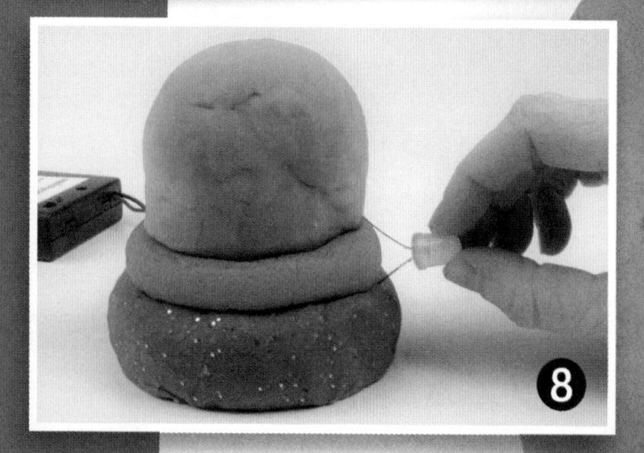

5. 将顶部面团叠在绝缘面饼上面，确保顶部面团完全不接触下面的底座。

6. 将电池装入电池盒中，将电池盒的正极插片插入顶部面团。

7. 将负极插片插入底座面饼。

8. 将LED灯珠的长引脚（正极）插入顶部面团中，将短引脚（负极）插入底座面饼中。

9 重复步骤8，将所有LED珠灯等距离地布置在UFO周围。

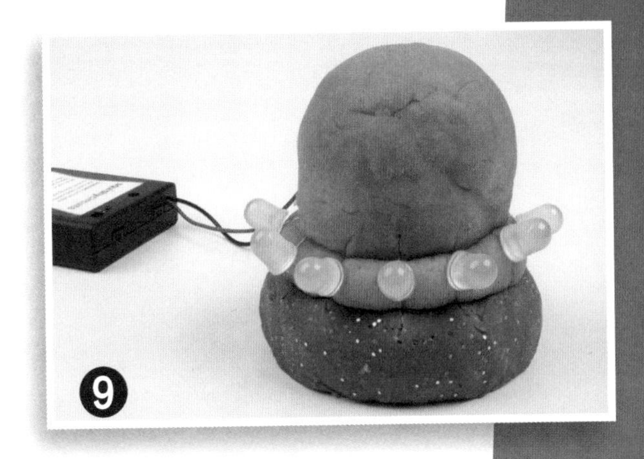

10. 测试灯珠。打开电池盒的开关，这时灯珠应该亮起来。如果灯珠不亮，确认LED的两个引脚没有插反。

11 装饰你的UFO！用彩色玻璃珠、彩纸以及其他材料来装饰一下你的作品吧！你甚至还可以将它装扮成一张外星人的脸！

小贴士 绝缘面团可以用超轻黏土代替。彩泥可以用来代替导电面团，但导电性能没有前面制成的导电面团好。

迪斯科灯球

这个缀满“宝石”的灯球可以边转边闪烁哦！

你需要准备

硬纸板盒
剪刀
卡纸
尺
固体胶
报纸
比纸盒略小的海绵球
颜料
笔刷
白胶
彩色玻璃珠
图钉
带轴电动机
绝缘胶带
带导线的电池盒
电池
导电面团
贴纸、闪光片以及其他装饰材料

1. 检查纸盒，如果有盖子的话，把盖子裁剪掉。

2. 剪一条卡纸带，宽度大约为8厘米，长度与盒子的宽度相同。将纸带沿长边对折。沿着折痕用纸带包住盒子的一边，并用固体胶粘住。

3. 剪下5片与盒子一侧内壁大小相等的卡纸，沿着边缘将其逐层粘贴在盒子一侧内壁上。

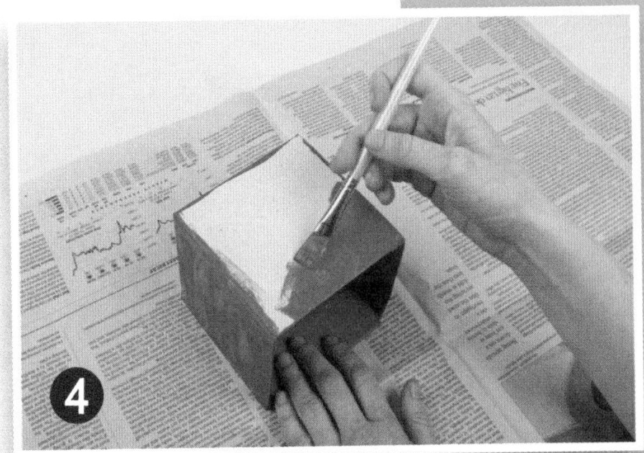

4. 预先在工作台上铺一张报纸（为了保持台面清洁）。在海绵球以及盒子的外表面涂上颜料。耐心等待颜料变干。

5. 将彩色玻璃珠粘贴在海绵球上。注意将一块区域留空作为球的顶部。

小贴士 为了方便上色以及粘贴玻璃珠，可以将海绵球固定在台虎钳上。

6. 将盒子由卡纸加固的一面朝下放置，用图钉在盒子顶面靠近中央的地方戳一个小洞。

❼ 将电动机轴穿过小洞，用胶带固定住电动机。

❽ 将电动机轴插入海绵球的空白区域中。如果需要，可以用固体胶加固。

9. 将电池装入电池盒中，用固体胶将电池盒贴在盒子背面，确保引线朝上。

❿ 将导电面团捏成两个小方块，放置在盒子上面。确保两者不会互相碰触。

11. 将电动机正极插入一个方块，负极插入另一个方块。

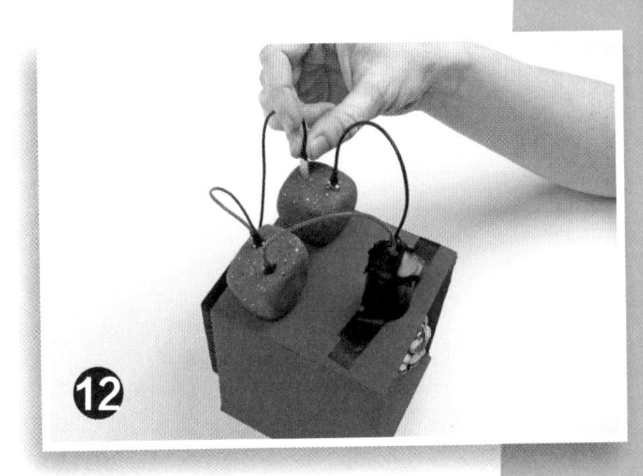

12 连接电池。将电池盒的正极插入已有电动机正极的方块中，将电池盒的负极插入已有电动机负极的方块中。

13 用贴纸、闪光片以及其他材料装饰盒子。

14. 打开电池盒开关。现在，欣赏你的迪斯科灯球不停地旋转吧！

发生了什么

这个项目中没有用到绝缘面团。由于两块导电面团没有互相接触，它们中间的空气充当了绝缘体。

魔幻旋转彩轮

打造一个旋转起来令人惊讶不已的魔幻彩轮。

你需要准备

白卡纸
铅笔
大号塑料杯
记号笔（必须要有黑色的）
剪刀
图钉
导电面团
绝缘面团
小号纸杯
餐刀
带轴电动机
带导线的电池盒
电池

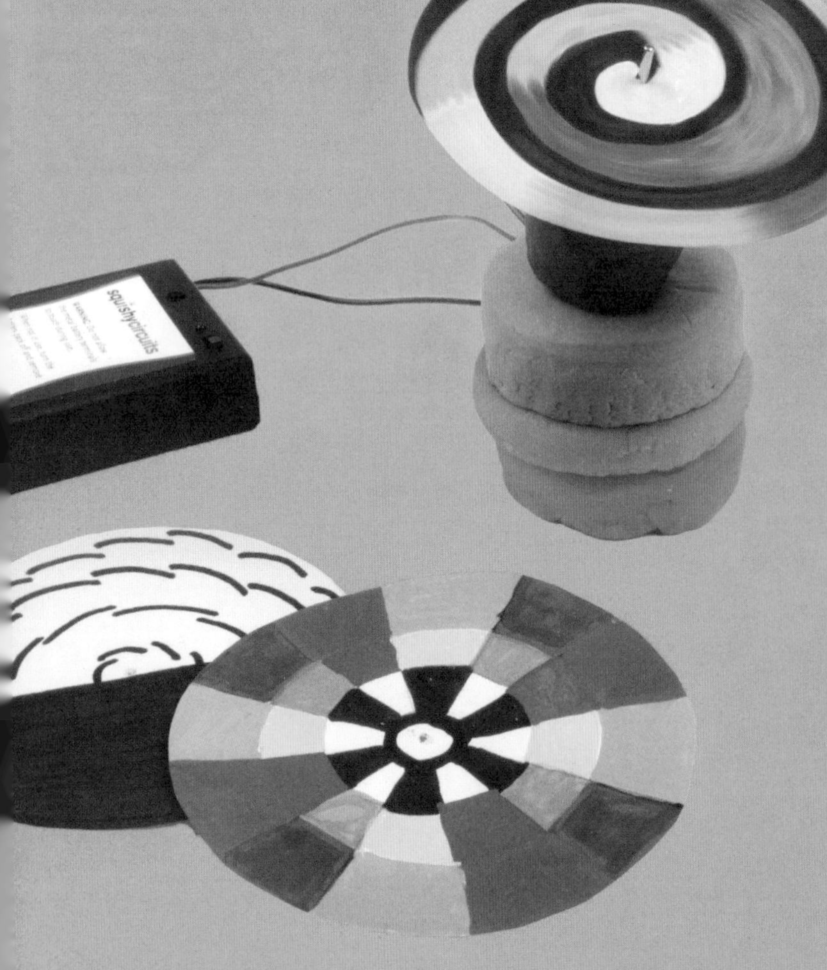

❶ 将塑料杯倒扣在白卡纸上，用铅笔在纸上描出杯口的轮廓（一个圆），拿走塑料杯。

❷ 从圆的中间开始，用黑色记号笔向外绘出粗螺旋线。

❸ 用彩色记号笔将螺旋线间的空白处涂满颜色。注意：不同颜色相接的地方要小心地涂抹。彩轮完成了！

4. 将彩轮剪下来，用图钉在彩轮的中心处戳一个小孔。

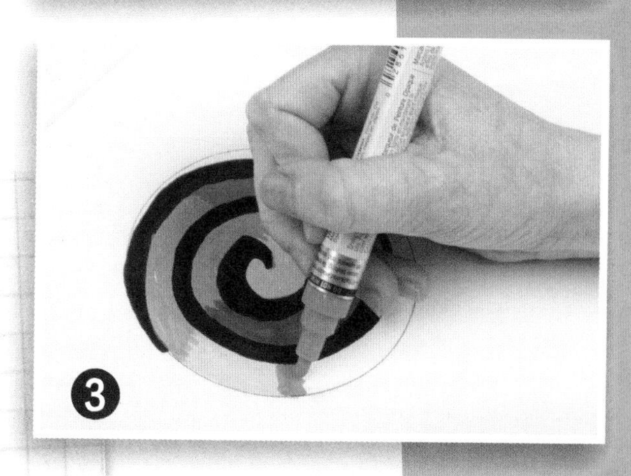

小贴士

当你设计一个新的电路时，最好先把它画出来，然后再搭建它。这样你可以清楚地知道该如何连线，正极、负极在哪里。

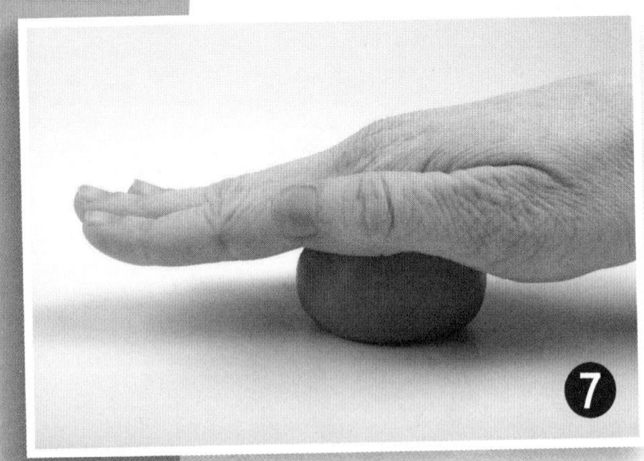

5. 用导电面团搓出两个比高尔夫球略大的球。

6. 将面球拍成2.5厘米厚的面饼。

7. 用绝缘面团搓出一个高尔夫球大小的球，把它拍成1.3厘米厚的面饼。

8. 将纸杯倒扣在导电面饼上，沿杯口用餐刀将纸杯外沿多余的面饼切除，拿走纸杯。这样你就得到了一个圆形的面饼了。

9. 重复步骤8，将其余的导电面饼以及绝缘面饼切割成圆形。

10. 将绝缘面饼叠放在两个导电面饼中间。

11. 将电动机用面团包裹住，面团可以用导电和绝缘两种面团中的任意一种。注意让电动机轴露在外面。

12. 将电动机按压到三层面饼的顶层上，电动机轴朝上。需要的话可以用余下的面团加固一下。将电动机的正极插入顶层面饼，负极插入底层面饼。

13. 将电池装入电池盒中，将电池盒的正极插入顶层面饼，负极插入底层面饼。

14. 将彩轮通过中央小孔套在电动机轴上，打开电池盒开关。看，彩轮转起来了！

15. 制作更多形式的彩轮。比一比，哪种产生的魔幻感觉最棒！

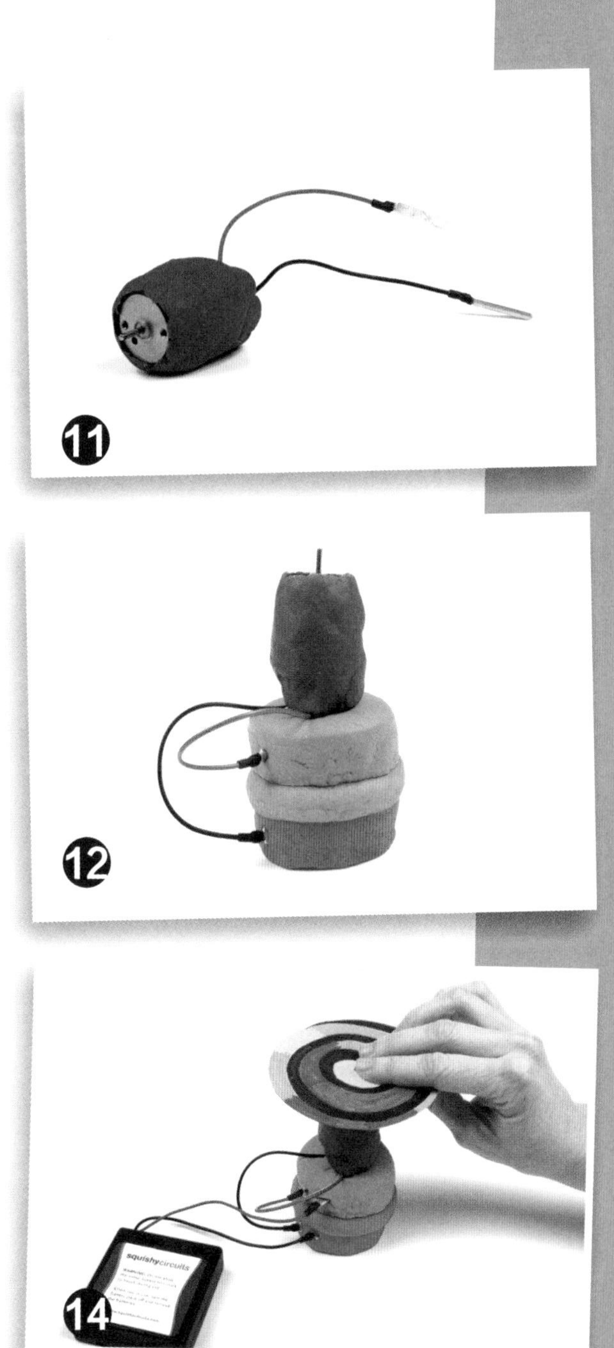

日记本报警器

没有允许不许看！这台吵人的报警器能保护你的小秘密。

你需要准备

红色和黑色导线

尺

剥线钳

铝箔

导电面团

带导线的电池盒

电池

带导线的蜂鸣器

红色和黑色的绝缘胶带

LED灯珠

硬面日记本

透明胶带

1. 剪下红色和黑色导线各3根，每根30厘米长。

2. 将每根导线两头各2.5厘米长的胶皮剥除。

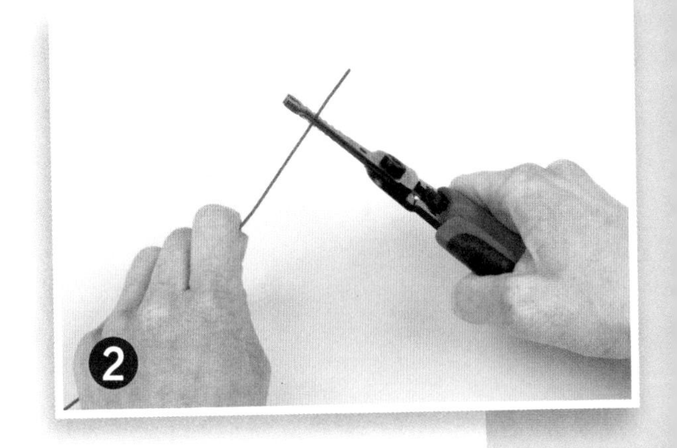

3. 撕下两片铝箔，将它们折成5厘米边长的正方形。

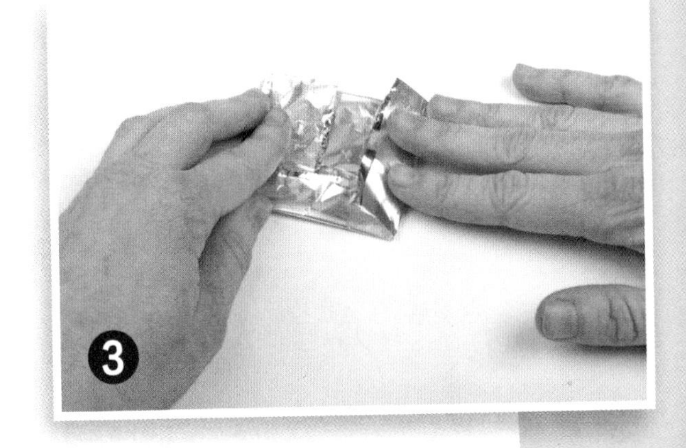

4. 做出6块导电面团。将电池装入电池盒中。按照本活动篇末的示意图将面团、电池盒、蜂鸣器以及铝箔方块放置好，接着参照示意图或者第5—11步骤说明完成接线。

5. 将电池盒正极端的红色导线插入面团1，负极端的黑色导线插入面团2。

6. 取两根红色导线，将它们的一端缠到一起，插入面团3。然后将其中一根导线的另一端插入面团1，将另一根导线的另一端用红色绝缘胶带粘到一片铝箔上。

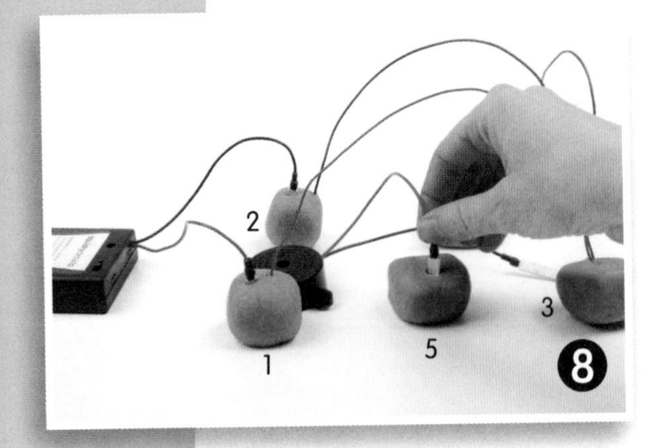

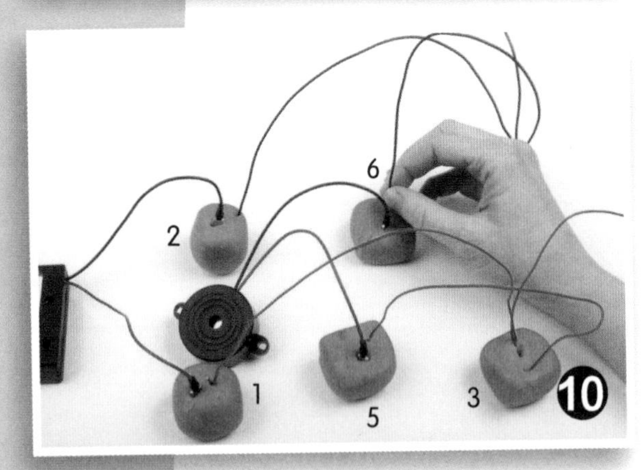

7. 将两根黑色导线的一端缠到一起，插入面团4。然后将其中一根导线的另一端插入面团2，将另一根导线的另一端用黑色绝缘胶带粘到另一片铝箔上。

8 将蜂鸣器正极端的红色导线插入面团5，负极端的黑色导线插入面团6。

9. 将剩余的一根红色导线的一端插入面团3，另一端插入面团5。

10 将剩余的一根黑色导线的一端插入面团4，另一端插入面团6。

11. 将LED灯珠的长引脚（正极）用红色绝缘胶带粘到有红色导线的铝箔上。

12 将粘有LED灯珠正极的铝箔夹在日记本的两页之间。注意将LED灯珠的短引脚（负极）放在日记本的第一页上面。用透明胶带固定铝箔。

13. 将粘有黑色导线的另一片铝箔用透明胶带固定在日记本的封面内侧。当你合上日记本时，要让铝箔能够接触到LED灯珠的短引脚。

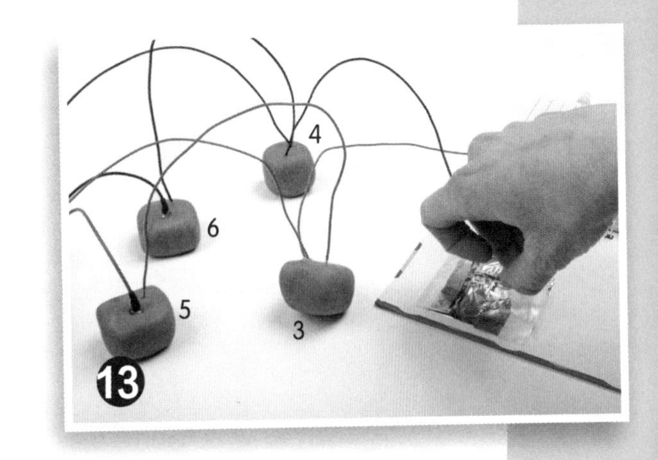

14. 合上日记本，打开电池盒开关。如果此时LED灯珠亮起，说明警报器已经设置好了！如果LED灯珠没有亮起，仔细检查电路接线。

15. 打开日记本，这时蜂鸣器会响起来。如果没有声音响起，同样检查你的电路接线。

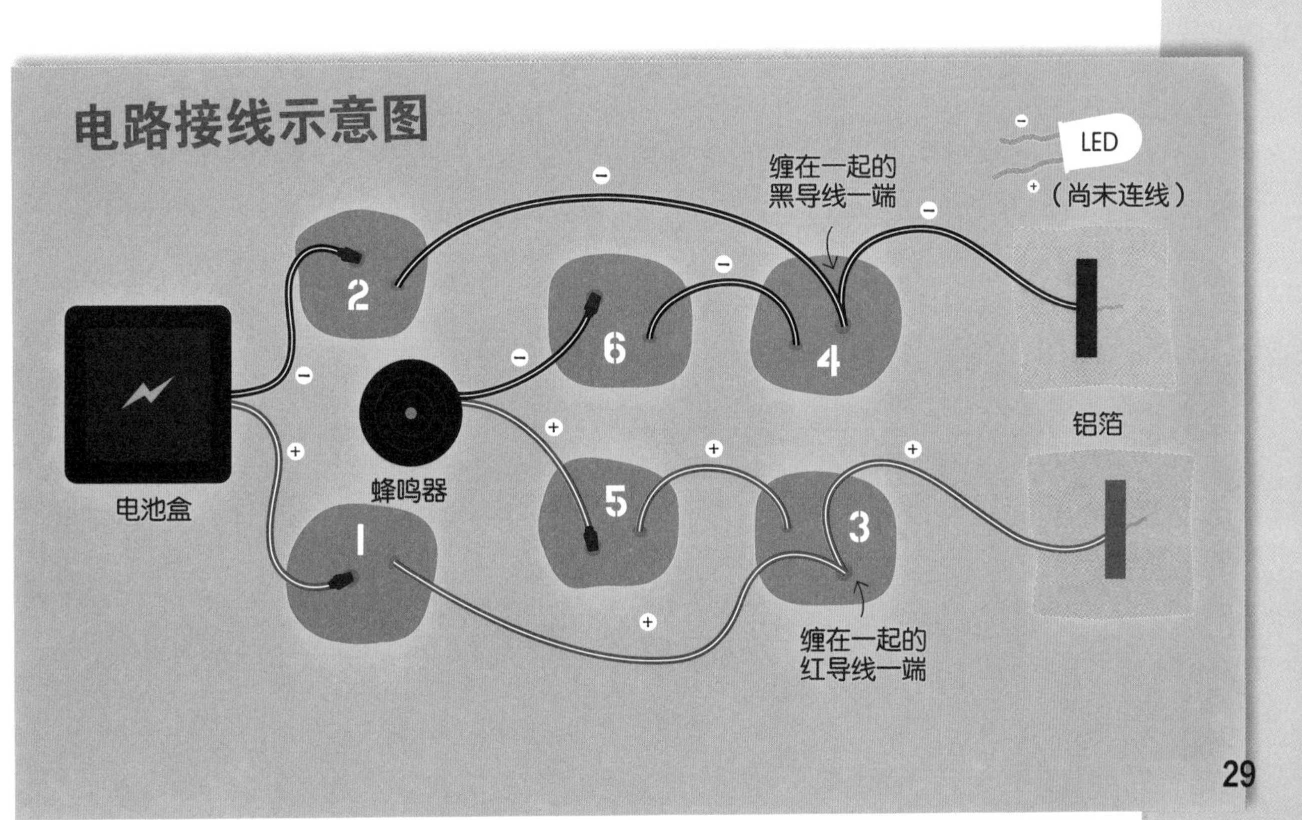

创客空间的维护

要成为一名创客，不仅仅是完成作品而已，还需要在创造的同时与他人交流与合作。最棒的创客能够在创作的过程中不断学习，不断想出下次改进的方法。

收拾干净

当你的项目大功告成之后，别忘了整理你的工作区。将工具以及用剩下的材料整齐有序地放回原位，方便其他人找到它们。

存放妥当

有时候你来不及在一次创客活动期间完成整个项目。没关系，你只需要找到一个安全的地方存放你的作品，直到你有空再来完成它。

做一辈子创客

创客项目的可能性是无限的，从你的创客空间的材料中获得灵感，邀请新的创客到你的工作区，看看其他创客在创造什么。

永远不要停止创造哦！

Connect It!
Circuits You Can Squish, Bend, and Twist
By
Elsie Olson

图书在版编目（CIP）数据

来连线吧：能够挤压、弯曲与扭转的电路/（美）埃尔茜·奥尔森著；解超译. —上海：上海科技教育出版社，2020.6
（我的酷炫创客空间）
书名原文：Connect It! Circuits You Can Squish, Bend, and Twist
ISBN 978-7-5428-7228-9

Ⅰ. ①来… Ⅱ. ①埃… ②解… Ⅲ. ①电路设计—青少年读物
Ⅳ. ①TM02-49
中国版本图书馆CIP数据核字（2020）第048166号

责任编辑 侯慧菊
封面设计 符 劼

“我的酷炫创客空间”丛书
来连线吧！
——能够挤压、弯曲与扭转的电路
［美］埃尔茜·奥尔森（Elsie Olson） 著
解 超 译

出版发行 上海科技教育出版社有限公司
（上海市柳州路218号 邮政编码200235）
网 址 www.sste.com www.ewen.co
经 销 各地新华书店
印 刷 常熟文化印刷有限公司
开 本 787 × 1092 1/16
印 张 2
版 次 2020年6月第1版
印 次 2020年6月第1次印刷
书 号 ISBN 978-7-5428-7228-9/G · 4223
图 字 09-2019-772号